Nahida Tun-Nisa

Guia do utilizador de Artemesia dracunculus L

Nahida Tun-Nisa

Guia do utilizador de Artemesia dracunculus L

ScienciaScripts

Cover image: www.ingimage.com

This book is a translation from the original published under ISBN 978-620-2-31132-8.

Publisher:
Sciencia Scripts
is a trademark of
Dodo Books Indian Ocean Ltd. and OmniScriptum S.R.L publishing group

120 High Road, East Finchley, London, N2 9ED, United Kingdom
Str. Armeneasca 28/1, office 1, Chisinau MD-2012, Republic of Moldova, Europe
Printed at: see last page
ISBN: 978-620-8-36664-3

Prefácio

Desde o início da existência humana, os seres humanos familiarizaram-se com as plantas e utilizaram-nas de diversas formas ao longo dos tempos. As plantas medicinais servem como importantes agentes terapêuticos, bem como matérias-primas valiosas para o fabrico de numerosos medicamentos tradicionais e modernos. As plantas em geral e *a Artemisia dracunculus* L. em particular têm sido associadas aos seres humanos desde muito cedo. Pretendo criar um livro que possa guiar um principiante completo através das diretrizes fundamentais. Este livro fornece uma introdução à complexa área dos constituintes das plantas, às actividades terapêuticas que lhes estão associadas, à sua utilização tradicional, aos activos fitofarmacêuticos, à prática desta erva liofilizada, à utilização do óleo essencial em aromaterapia e muito mais. Agradeço a ALLAH, o criador deste universo, por me ter dado esta dádiva.

Conteúdo

Capítulo 1	**4**
Capítulo 2	**8**
Capítulo 3	**20**
Capítulo 4	**24**
Capítulo 5	**37**

ABREVIATURAS

BAP/BA -6- Benzyl amino purine

$CaCl_2$ -Calcium chloride

cm -centimetre

$CoCl_2.6H_2O$ -cobalt chloride

$CuSO_4.5H_2O$ -Copper sulphate

cv -cultivar

2,4-D -2,4-dichlorophenoxyacetic acid

DDW -Double distilled water

EDTA -Ethylene diaminetetra acetic acid

Fig. -Figure

Gm. -gram

Gml^{-1} -gram per litre

IAA -Indole 3- acetic acid

IBA -Indole 3-butyric acid

KH_2PO_4 -Potassium dihydro Orthophosphate

KI -Potassium iodide

Kn -Kinetin

KNO_3 -Potassium nitrate

L -Litre

LS -Linsmaier and Skoogs medium

Mg -milligram

Mgl^{-1} -milligram per litre

$MnSO_4$ -Manganese sulphate

$Na_2MoO_4.2H_2O$ -Sodium molybdate

NAA -Naphthalene acetic acid

NH_4NO_3 -Ammonium nitrate

UV -Ultraviolet

1X - normal solution

$ZnSO_4$ -Zinc sulphate

Capítulo 1

Introdução geral de *Artemisia dracunculus* L. (Asteraceae)

1.1 Introdução

A Artemisia dracunculus L é vulgarmente conhecida como artemísia-de-dragão, estragão ou estragão. O estragão é muito utilizado na medicina popular, bem como na cosmética e na culinária, devido ao seu elevado teor de óleo essencial. É também extremamente popular na cozinha francesa como especiaria e é também utilizado na preparação de vinagre (Drobot *et al* 2016) .

1.2 Distribuições

A Artemisia dracunculus é uma erva perene, verde e erecta que se encontra nas regiões alpinas de Caxemira e dispersa nos Himalaias ocidentais a uma altitude de 4.200 - 4.800 m. Os principais produtores comerciais de estragão são o Sul de França, os Estados Unidos e a Lituânia, embora o cultivo industrial não esteja muito organizado.

1.3 Descrição botânica

Caules com 30-60 cm de altura, estriados e com nervuras; folhas com 2,5-3,8 cm de comprimento, lineares ou oblongas, inteiras; flores quase redondas, com 3 mm de diâmetro, sésseis ou em racemos ramificados, por vezes agrupadas em três, brácteas das flores largamente oblongas com uma margem transparente muito larga e um disco verde muito estreito (Chandha, 1985) Fig. 1.1

Fig. 1.1 *Artemisia dracunculus L.* em crescimento no banco de genes do IIIM Sanat Nagar

1.4 Importância

A Artemisia dracunculus L. (estragão) é utilizada como condimento e agente aromatizante. De 1973 a 1983, a procura de estragão francês nos Estados Unidos aumentou 2,5 vezes em volume e 5,4 vezes em valor. As principais exportações de estragão francês foram efectuadas por produtores europeus, com custos de mão de obra e de produção semelhantes aos dos Estados Unidos, o que sugere a existência de um mercado potencial para os produtores nacionais. O óleo é amplamente utilizado em formulações de aromatizantes alimentares. As folhas aromáticas são utilizadas como aperitivo, estomacal, estimulante e febrífugo e também como especiaria. As propriedades terapêuticas referidas são analgésicas, expectorantes, tónicas, anti-sépticas e estimulantes. Estudos *in vivo*, principalmente em roedores, destacam potenciais efeitos anti-inflamatórios, hepatoprotectores e anti-hiperglicémicos (Oholskiy *et al* (2011). Foi relatada atividade antiplaquetária do óleo de *Artemisia dracunculus* (Tognolini *et al.,* 2005). O óleo também demonstrou propriedades antifúngicas, antibacterianas e antioxidantes (Kordali *et al.,* 2005). A utilização de óleos essenciais é particularmente comum em dermatologia e no tratamento de infecções fúngicas, sendo os produtos naturais de eleição mais populares (Orchard *et al.*, 2017). Foi relatada atividade anticonvulsiva do óleo de origem iraniana (Sayyah *et al.,* 2004). O óleo essencial após a reestruturação é utilizado para aromatizar molhos de vinagre, molhos para saladas, sopas enlatadas e licores. Também é utilizado em perfumes de tipo mais económico (Anon., 1985). Os flavonóides, as cumarinas, os fenilpropanóides e os terpenos determinam a ação antimicrobiana, antiviral, antifúngica e antioxidante da *Artemisia dracunculus* (Drobot *et al* 2016).

No presente estudo, *a Artemisia dracunculus* L. foi submetida a micropropagação *in vitro* utilizando pontas de rebentos como fonte de explantes, seguida da sua caraterização química.

Conclusão

O estragão francês é uma planta sexualmente estéril que é propagada vegetativamente por estacas. A proliferação por estacas depende da sensibilidade sazonal ao enraizamento; a propagação por divisão é limitada pelo número de plantas que podem ser formadas a partir de uma planta-mãe (Mackay & Kitto, 1988). Por conseguinte, é necessário um procedimento alternativo para propagar plantas *de Artemisia dracunculus* L. de forma eficiente. A cultura de tecidos é um dos métodos úteis que podem ser utilizados para a propagação clonal.

Referências

Anon., (1985).The Wealth of India. Raw Materials. Vol. VI: CSIR New Delhi.

Chandha, Y. R., (1985).The Wealth of India, A Dictionary of Indian Raw Materials and Industrial Products. (Revised Edition) Vol. 1: A NISCOM -CSIR New Delhi - 110012, 435.

Drobot K. O., Shakhovsky, A. M., Matvieieva N.A. (2016). Produção de cultura de raízes "peludas" de estragão (*Artemisia dracunculus* L.). Artigos experimentais Instituto de Biologia Celular e Engenharia Genética da Academia Nacional de Ciências da Ucrânia, Kiev, DOI: 10.15407/ biotech 9.02.055. UDC 602.64.

Kordali, S. Kotan, Recap. Mavi Ahmet, Cakir, Ahmet, Ala, Arzu, e Yildirim Ali, (2005). Determinação da composição química e da atividade antioxidante do óleo essencial de *Artemisia dracunculus*, *Artemisia santonicum* e *Artemisia spicegera. J Agric. Food Chem.*, 1-2.

Mackay, W. A e Kitto, S. L., (1988). Factores que afectam a proliferação de rebentos *in vitro* do estragão francês. *Hortscience,* 113 (2): 282-287 in Flavour Science Recent Developments. Editado por A. J. Taylor e D. S. Mottram, The Royal Society of Chemistry Information

Science, 46-51, junho de 1996.

Oholskiy D, Ivo Pischel, Bjoern Feistel, Nikolay Glotov e Michael Heinrich (2011). *Artemisia dracunculus* L. : Uma revisão crítica da sua utilização tradicional, composição química, farmacologia e segurança. *Jornal de Química Agrícola e Alimentar* 59 (21), 11367-11384.

Orchard A, Maxleens Sandasi, Guy Kamatou, Alvaro Vilijuen, Sandy Van Vuuren (2017). A atividade antimicrobiana *in vitro* e a modelação quimiométrica de 59 óleos essenciais comerciais contra agentes patogénicos de relevância dermatológica. *Química e Biodiversidade* 14 (1).

Sayyah Mohammad, Nadjafnia Leila, Kamalinejad Mohammad, (2004). Atividade anticonvulsiva e composição química do óleo essencial de *Artemisia dracunculus* L. *Journal of Ethnopharmacology* 94, 283-287.

Tognolini, M., Barocelli, E., Ballabeni, V., Bruni, R., Bianchi, A., Chiavarini, M., Impicciatore, M., (2005). Rastreio comparativo de óleos essenciais de plantas: A porção fenilpropanóide como núcleo básico para a atividade antiplaquetária. *Life Science* 78 (13):1419-32, 2005.

Capítulo 2

Conta geral das plantas medicinais

2.1 Plantas medicinais

As plantas medicinais têm sido utilizadas pela humanidade como fonte de medicamentos para combater doenças há milhares de anos. A OMS calcula que 4 mil milhões de pessoas utilizam medicamentos à base de plantas, de uma forma ou de outra (Farnsworth e Soejarto, 1985). O comércio internacional de plantas medicinais ascende a 62 mil milhões de dólares por ano, aumentando a uma taxa de 7 a 15%, e prevê-se que atinja 5 biliões de dólares até ao ano 2050 (Qazi, 2001). Apesar do notável trabalho sobre medicamentos artificiais, até 25% dos medicamentos nos EUA contêm um ou mais constituintes derivados de espécies vegetais. As diferentes formas de utilização das plantas medicinais são as seguintes

2.2 Sistema convencional de medicina

É ilimitado e inclui práticas baseadas em crenças e tradições locais. Como o seu nome indica, faz parte da tradição de cada nação e as práticas são transmitidas de geração em geração. Os factores culturais têm de desempenhar um papel importante na sua aceitação e não são facilmente transferíveis de uma cultura para outra (Anónimo, 2002).

2.3 Artigos de venda livre (OTC) sem receita médica

A tendência atual da indústria de medicamentos à base de plantas medicinais é produzir extractos de referência de plantas como matéria-prima. No entanto, o consumo direto de material vegetal não é apenas uma caraterística do sistema de medicina nativa nos países em desenvolvimento, mas também nos países desenvolvidos como os EUA, o Reino Unido, a Alemanha, etc. (Quadro 2.1). Algumas destas matérias-primas (produtos OTC) são utilizadas na preparação de decocções, tinturas, galénicos e extractos totais de plantas que fazem parte de muitas farmacopeias do mundo.

Os papéis dos metabolitos secundários ainda não foram descobertos no crescimento, na fotossíntese, na reprodução ou noutras funções "primárias". Podem ser categorizados com base na estrutura química, por exemplo, tendo anéis (contendo um açúcar); composição (contendo azoto ou não); a sua solubilidade em vários solventes, ou a via pela qual são sintetizados (por exemplo, fenilpropanóide que produz taninos). Uma categorização simples inclui três grupos principais, os terpenos (feitos a partir do ácido mevalónico, composto quase inteiramente por carbono e hidrogénio), os fenólicos (feitos a partir de açúcares simples, contendo anéis de benzeno, hidrogénio e oxigénio) e os compostos contendo azoto (extremamente diversos, podendo também conter enxofre) (Bid lack 2000).

Quadro 2.1 Medicamentos de venda livre (OTC)

Botanical Name	Use
Plantago ovate	Bulk laxative
Ginkgo biloba	Memory enhancer
Allium sativum	Hypolipidemic
Aloe species	Stimulant, laxative
Menthapiperita	Antitussive
Senecisrepens	Prostrate hyperplasia
Panax species	Brain
Centellaasiatica	Blood circulation
Cimcifugaracemosa	Menopause and premenstrual syndrome
Piper methysticum	Antidepressant
Silybiummarianum	Liver protection
Valeriana officials	Calminative
Echinacea angustifolia	Immunomodulator
Echinacea purpurea	Immunomodulator
Hypericumperforatum	Antidepressant

Fonte: (Shawl e Qazi, 2004)

2.4 Produtos fitofarmacêuticos

Uma variedade de plantas medicinais foi submetida a um exame químico completo que levou ao isolamento de moléculas bioactivas puras avaliadas farmacologicamente. Como resultado, foram descobertos novos medicamentos e novas aplicações. Estas moléculas bioactivas estão a ser utilizadas como agentes terapêuticos, material preliminar para a síntese de medicamentos, modelos para a síntese de compostos farmacologicamente activos e novos reagentes para a investigação em biologia molecular. Atualmente, existem 125 fármacos clinicamente úteis de constituição conhecida que foram isolados de cerca de 100 espécies de plantas superiores. Estima-se que cerca de 5000 espécies de plantas tenham sido estudadas em pormenor como possíveis fontes de novos fármacos (Handa, 1992; Walton e Brown, 1999). Os polifenóis e os flavonóides são os produtos naturais antioxidantes mais comuns encontrados nas plantas medicinais. Os medicamentos à base de plantas têm sido utilizados desde os tempos pré-históricos, uma vez que contêm ingredientes activos farmacológicos e biológicos (Hajimehdipooret. *al.*, 2014).

A bioprospecção de espécies vegetais é experimentada em muitos laboratórios para o reconhecimento de novas moléculas terapêuticas que podem ser úteis para alguns problemas de saúde - tais como doenças infecciosas resistentes aos medicamentos, diabetes, asma, artrite, perturbações neurológicas e psiquiátricas. O fabrico em massa de medicamentos à base de plantas é um dos factores decisivos importantes para a indústria farmacêutica também na Índia (Shawl e Qazi, 2004). Alguns dos medicamentos à base de plantas importantes utilizados na medicina moderna são apresentados no quadro 2.2

2.5 Ervas liofilizadas

Outro sector importante é o das ervas liofilizadas. As ervas são liofilizadas para manter a cor, a forma, o valor nutricional e o nível de componentes activos. A Índia exporta ervas liofilizadas no valor de 20 milhões de rupias. Várias ervas utilizadas para fins culinários são produzidas e exportadas em grandes quantidades da Índia (Flex Foods Pct. Ltd., registos CIMAP).

2.6 Óleos essenciais

O mesmo acontece com as plantas aromáticas, em que os óleos essenciais e as oleorresinas deles derivados são preferidos aos produtos químicos sintéticos. Os óleos essenciais são constituintes voláteis odoríferos de plantas aromáticas obtidos por hidrodestilação/vapor ou extração supercrítica de dióxido de carbono. Tendo em conta o renascimento da utilização de aromas naturais, os óleos essenciais tornaram-se um sector importante do comércio, tanto nos países desenvolvidos como nos países em desenvolvimento. A Índia ocupa a terceira posição, com uma quota de 16-17% (Varshneyet *al.*, 2001). Devido ao movimento de regresso à natureza, ao grito de guerra dos ambientalistas em prol de uma terra verde e segura, os óleos medicinais e

Quadro 2.2 Medicamentos importantes à base de plantas utilizados na medicina moderna

Drug	Name of plant species	Activity
Artemisinin	*Artemisia annua*	Antimalarial
Ajmalicine	*Rauwolfiacanesocence*	Hypotensive
Berberine	*Berberis lyceum*	Antiemetic
Colchicine	*Colchicum luteum*	Anti-inflammatory
Diosogenin	*Dioscorea deltoidea, Costussssps*	Base material for steroid synthesis/cortisone drugs
Digoxine/Lanatosides/	*Digitalis lantana;*	Cardio tonic
Ergotamine/Ergot alkaloids	*Clavicepspurpurea*	Post partium-hemoerrhage
Etoposide/tenopside	*Podophyllumemodii*	Anticancer
Guggulsterones/Gugallipid	*Commiphoramukul*	Hypocholerolemic
Hypercin/Hyperfolin	*Hypericumperforatum*	Antiviral and Antidepressant
Hyoscine and Hyoscyamine	*Hyoscyamus niger, Hyoscyamusmuticus*	Parasympatholetic
Methoxsalen	*Ammimajus, Heracleumcandicans*	Leucoderma
Morphine/ Codeine/ Papaverine	*Papaversomniferum*	Sedative
Psoralen	*Psortiacorylifolia*	Leucoderma
Resperine	*Rauwolfia serpentine*	Hypotensive
Rutin	*Sophora japonica; Fagopyrumesculetum*	Vitamin P
Sennosides	*Cassia angustifolia*	Laxative
Silymarin	*Silybiummarianum*	Hepatoprotective
Taxol/Topotecan/ Irinotecan	*Campthotheca acumin ata/Mapiafoetida*	Anticancer
Valepotriates	*Valerianawallichiana*	Sedative/Tranquilizer
Vinblastine/Vincristine	*Catharanthusroseus*	Anticancer

(*Handa, 1992, Walton e Brown, 1999*)

As plantas aromáticas têm uma procura mundial sempre crescente (Laird, 1999). Assim, a cultura de plantas aromáticas e a transformação em óleos essenciais constituem um segmento importante do agronegócio internacional, com uma taxa de crescimento anual estimada em 10-15%. Os óleos essenciais são utilizados em perfumaria, aromas, indústria cosmética, produtos farmacêuticos, têxteis, couro, confeitaria e, atualmente, têm uma utilização significativa na aromaterapia.

O potencial terapêutico das plantas que contêm óleos essenciais foi reconhecido. Tal como os remédios à base de plantas, os óleos essenciais e os seus constituintes abrangem um vasto campo de actividades. Estas incluem propriedades antibacterianas, antifúngicas, antivirais, anticancerígenas, anti-inflamatórias e anti-oxidantes. O campo da fragrância e do olfato é tão fascinante que o Prémio Nobel (2004) de Fisiologia e Medicina foi atribuído para desvendar os segredos do olfato. Richard Alex, da Universidade de Columbia, e a Linda B. Buck, que desvendaram os segredos do sistema olfativo a nível molecular. Estas substâncias odoríferas passam através da passagem nasal e são detectadas por neurónios especiais chamados células olfactivas, presentes na parte superior do epitélio nasal, que contém cinco (5) milhões de neurónios (Nath, 2004). Os óleos essenciais são quimicamente uma mistura de compostos orgânicos pertencentes a diferentes entidades químicas, tais como terpenos, fenóis, compostos alifáticos, compostos benzoílicos e compostos heterocíclicos. Os terpenos são classificados como mono, sesquiterpenos e diterpenos com base nas unidades de isopreno. Os terpenos oxigenados são os principais transportadores de odores dos óleos essenciais. Incluem os álcoois, os aldeídos, as cetonas, os ácidos carboxílicos, os ésteres, os éteres, etc. Os monoterpenos, que são um grupo diverso de isoprenóides, são sintetizados tanto pela via do mevalonato como pela via do não-mevalonato (via MEP) (Figuras 2.1 e 2.2).

Descobertas recentes mostraram que os terpenóides, os blocos de construção do óleo essencial, provêm de uma única via biossintética localizada na mesma parte da célula onde ocorre a fotossíntese. Considera-se atualmente que a via do metileritritolfosfato (MEP ou não mevalonato), localizada no cloroplasto, produz isopentenilfosfato (IPP) e dimetilalildifosfato (DMAPP) para a formação de terpenos voláteis (Dudarevaet *al.*, 2005)

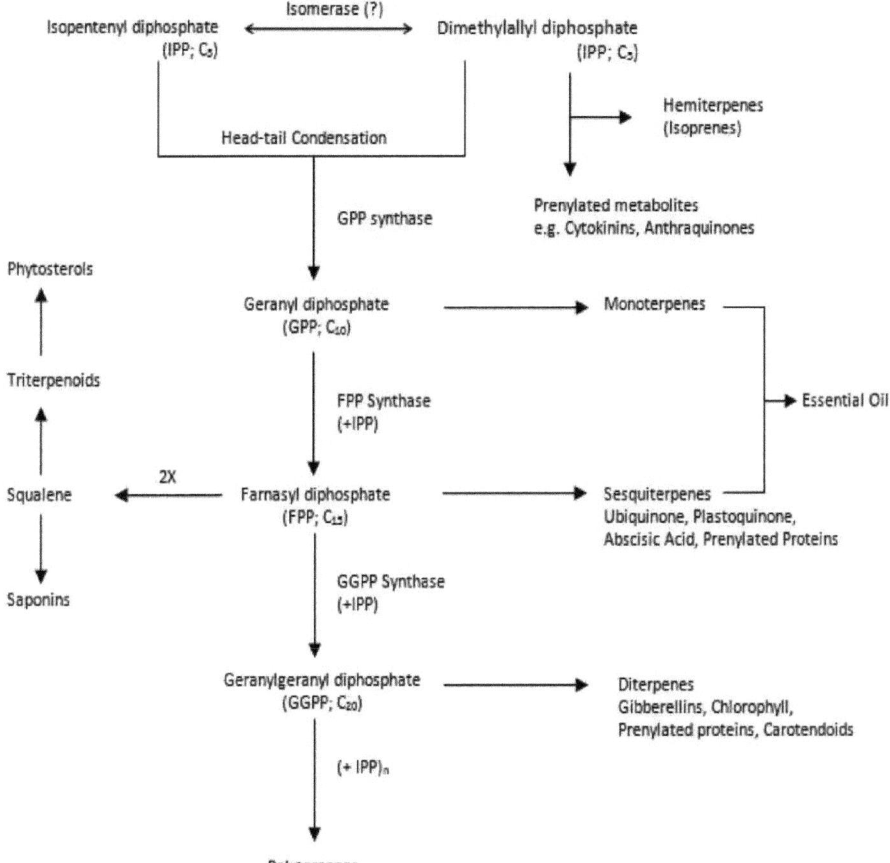

Fig 2.1 Síntese de várias classes de terpenóides em plantas. O ponto de interrogação (?) indica o papel controverso da isomerase através da via não-MVA, na qual tanto o IPP como o DMAPP são sintetizados de forma independente.

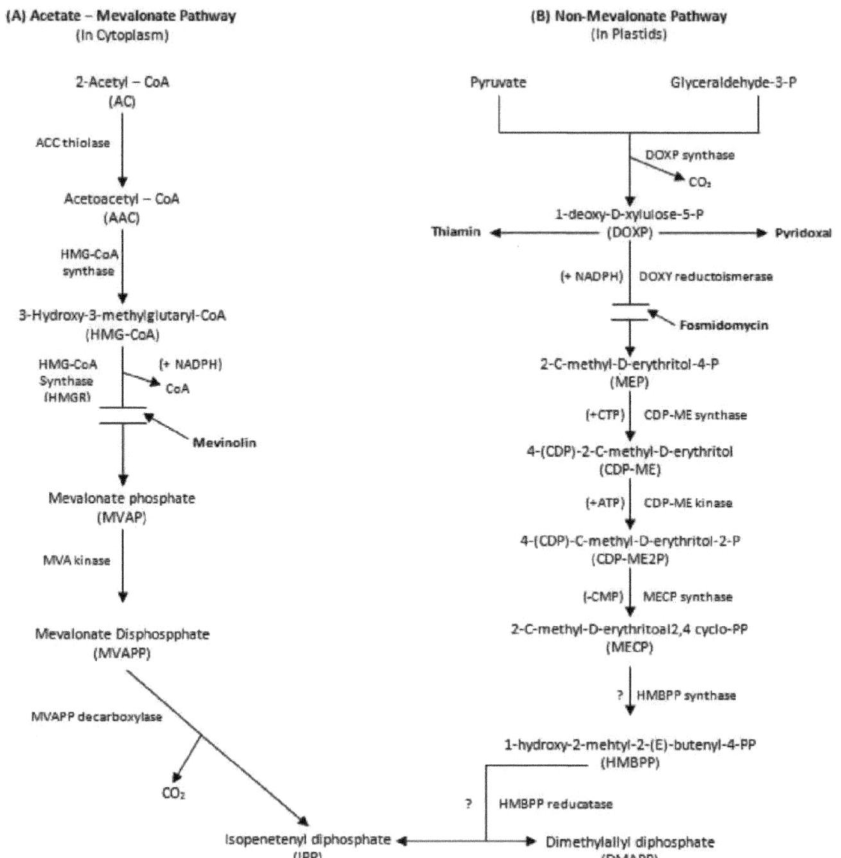

Fig 2.2 Duas vias independentes para a biossíntese de IPP e DMAPP em plantas. Os passos terminais (de MECP) para IPP/DMAPP assinalados por (?) não estão bem caracterizados nas plantas. No entanto, as etapas são apresentadas com base em estudos relacionados realizados em *Ecoli* e na demonstração de genes ortólogos em várias plantas, que codificam essas enzimas que catalisam a mesma reação. O papel da DOXP na biossíntese da tiamina (vitamina B1 e piridoxal (vitamina B6) e os inibidores conhecidos (mevinolina e fosmidomicina) para cada via também são conhecidos. P fosfato: PP, difosfato, e CMP, CDP, CTP e ATP são mono, di e trifosfatos de citidina e adenosina, respetivamente.

2.7 Plantas medicinais e aromáticas que enfrentam a erosão genética

A biodiversidade é o fator vital e principal para a melhoria da produtividade biológica. O clima e a poluição são os outros factores que conduzem à redução da biodiversidade entre as plantas superiores, incluindo as medicinais. Apesar dos avanços da química sintética, dependeremos de fontes biológicas para uma variedade de compostos bioactivos, incluindo produtos farmacêuticos (Pezzuto, 1995). Mais de 80% dos cerca de 30.000 produtos naturais conhecidos são de origem vegetal (Balandrin, 1988; Phillipson, 1990 e Fowler, 1992).

Atualmente, muitas plantas valiosas atingiram o nível de extinção e, se a tendência se mantiver, 1 em cada 4 de todas as plantas superiores poderá deixar de existir ou estar quase extinta em meados do próximo século. Cerca de 572 espécies de plantas são consideradas de importância medicinal. Neste cenário, é necessário desenvolver urgentemente um programa científico para a conservação da biodiversidade vegetal também na Índia. Nestas circunstâncias, a biotecnologia apresenta uma opção para explorar a célula, o tecido, o órgão ou o organismo inteiro, cultivando-os em condições controladas e manipulando-os geneticamente para obter compostos de interesse (Stockight, 1977; Alfermann, 1980; Scragg, 1991 e Dorenburg e Kno, 1997).

2.8 Importância da cultura de tecidos

As culturas de células vegetais estão a tornar-se fontes substitutas potenciais promissoras para a produção de metabolitos secundários de elevado valor e importância industrial. As células vegetais apresentam totipotência celular, o que significa que cada célula em cultura mantém uma composição genética completa e, por conseguinte, é capaz de fabricar a gama de produtos químicos instituídos na planta-mãe. A cultura de células vegetais é considerada um método nobre para selecionar, multiplicar e conservar os genótipos críticos das plantas, utilizando técnicas como a micropropagação, e não depende de vários factores ambientais. Oferece um sistema de produção distinto, que certifica o fornecimento contínuo de produtos, a qualidade e a produção uniformes. Além disso, as células vegetais podem efetuar biotransformações estéreo e regioespecíficas para a criação de novos compostos a partir de precursores de baixo custo.

A investigação genómica está a dar início a um novo kit, como os marcadores moleculares funcionais e a informática, bem como a novas diretivas sobre estatísticas e competências em matéria de hereditariedade que poderiam aumentar a utilidade e a precisão do melhoramento das culturas, em particular, a descrição do método básico do vigor híbrido e da epigenética, e a sua organização tem um grande potencial. Atualmente, os custos elevados limitam o desempenho do melhoramento genómico assistido das culturas, especialmente no caso de culturas consanguíneas e/ou menores. No entanto, o melhoramento e a seleção assistidos por marcadores evoluirão gradualmente para um melhoramento genómico assistido para o melhoramento das culturas Rajeev *et al* (2005).

Os cultivadores de plantas tentam selecionar variedades que proporcionem o maior rendimento possível em combinação com uma qualidade encorajadora e falta de entusiasmo contra agentes patogénicos, herbívoros e outros stresses ambientais. Um dos maiores problemas da agricultura moderna (tanto económica como ecologicamente) é a sua procura de herbicidas, insecticidas e outros pesticidas (Wink, 1988). Os espécimes da mesma espécie de planta que crescem em condições ecossistémicas diferentes mostram um contraste significativo na produção e acumulação do metabolito primário e secundário. Modificado por factores ambientais, o respetivo grupo de metabolitos secundários actua como um encontro químico entre as plantas e o seu ambiente. A interação química entre as plantas e o seu ambiente é intervencionada principalmente pela biossíntese de metabolitos secundários, que exercem os seus papéis biológicos, como uma resposta plástica adaptativa ao seu ambiente. (Bruno leite *et al.* 2016)

Uma vez que a produção de metabolitos secundários é geralmente elevada em tecidos diferenciais, há eventos para cultivar culturas de rebentos e culturas de raízes para a produção de compostos medicinais importantes. Estas culturas de órgãos são relativamente mais estáveis (Roja, 1994). Existem várias plantas medicinais cujas culturas de rebentos e de raízes são fontes importantes de compostos medicinais (Payne *et al.*, 1993; Ravi Shankar e Rao, 2000). Os óleos essenciais provêm de várias partes das plantas: as sementes, a casca, as folhas, os caules, as flores e os frutos. A forma de produzir um óleo essencial de grau medicinal é preservar o maior número possível de compostos aromáticos tentadores dentro do óleo essencial. Assim, para a produção em larga escala de óleos essenciais, a necessidade de propagação genética das plantas aromáticas é a necessidade do momento.

Conclusão e perspectivas futuras

A importância das plantas está a aumentar de dia para dia, abrindo assim um enorme mercado para medicamentos à base de plantas a nível internacional. As plantas medicinais e aromáticas enfrentam a erosão genética devido à devastação do habitat e à exploração excessiva, pelo que precisam de ser conservadas. As técnicas de cultura de tecidos de plantas são mais rentáveis do que as práticas agrícolas convencionais no que respeita às estratégias de conservação das plantas em questão. A cultura de tecidos é um método praticável para a propagação clonal rápida de plantas. As plantas cultivadas *in vitro* possuem a capacidade biossintética da maioria dos constituintes bioactivos, comparável à das plantas cultivadas *in vivo*. Os metabolitos secundários podem ter um grande potencial para o melhoramento de plantas medicinais. Uma vez que podem identificar as vias fiáveis para a produção destes compostos e obter genótipos desejáveis no que diz respeito à sua qualidade e quantidade. Devido à sua importância medicinal, os melhoradores de plantas podem avaliar os efeitos da situação ambiental na síntese de marcadores bioactivos. Podem ter um maior controlo sobre a expressão ou inibição destas substâncias, dependendo das necessidades, aplicando ferramentas e técnicas recentes de biologia molecular e, assim, conceber uma planta com o máximo de benefícios.

Se esta erradicação for impraticável, o obtentor de plantas tem de selecionar uma variedade isenta de toxinas, mas pode tentar alternar o carácter químico indesejável por outra animosidade mediada por metabolitos que não conduza a uma sensação desagradável.

Referências

Alfermann, A. W., Schuller, I. & Reinhard, E., (1980). Biotransformação de glicosídeos cardíacos por culturas celulares imobilizadas de *Digitalis lanata.PM*, 40, 218-223.

Anónimo (2002). *Diretório de produtos, sistema de medicina Ayurveda, Unani, Siddha e Homeopatia.* Instituto de Investigação Económica e de Mercado, Nova Deli.

Balandrin, M. F., & Kloche, J.A. (1988). Materiais medicinais, aromáticos e industriais de plantas. Em Y. P. S. Bajaj (Ed.), *MAP* I (Vol. 4, pp. 1-36). Berlin Heidelberg: Springer-Verlag. DOI: 10.1007/978-3-642-73026-9-1.

Bidlack, W.R., Omaye, S. T., Meskin, M. S., & Topham, D. K. W. (Eds.). (2000). *Phytochemicals as bioactive agents*. United States: CRC Press.

Bruno LeiteSampaio, RuAngelie Edrada- Ebel e Fernando Batista Da Costa (2016). Efeito do ambiente no perfil de metabólitos secundários de *Tithoniaoliversifolia:* um modelo metabólico ambiental e de plantas. Scientific Reports 7 de julho.

Dorenburg, H., & Knorr, D. (1997). Desafios e oportunidades para a produção de metabolitos a partir de culturas de células e tecidos vegetais. *Food Technol*, 51 (11), 47-55.

Dudareva, N., Anderson, S., Orlova, I., Gatto, N., Reichelt, M., Rhodes, D., Boland, W., & Gershenzon, G. (2005). A via do não-mevalonato suporta a formação de monoterpenos e sesqueterpenos em flores de Snapdragon. *PNAS*, 102(3), 933-938. DOI: 10.1073/ pnas .0407360102

Farnsworth, N. R., & Soejarto, D. D. (1985).Potenciais consequências da extinção de plantas nos Estados Unidos sobre a disponibilidade atual e futura de medicamentos sujeitos a receita médica. *Eco. Bot.*, 39(3), 231-240. DOI: 10.1007/BF02858792

Fowler, M. W., & Stafford, A. M. (1992). Sistemas de processos de cultura de células vegetais e síntese de produtos, em M. W. Fowler, S. Warren (Eds.), *Plant Biotechnology* (79-98). Hajimehdipoor, H., Gohari, A. R., Ajani, Y., & Saeidnia, S. (2014). Estudo comparativo do teor de fenol total e da atividade antioxidante de alguns extractos de ervas medicinais. *Res J Pharmacogn. (RJP)*, 1(3), 21-25.

Handa, S. S. (1992). *Plantas medicinais e seu* cultivo. Lucknow: Central

Instituto das Plantas Medicinais e Aromáticas.

Laird, S, A. (1999). A indústria da medicina botânica na utilização comercial da biodiversidade: Acesso aos recursos genéticos e partilha de benefícios. Em K. Kate & S. A.

Laird (Eds.), *Earth Scan* (pp. 78-116).

Lincoln Taiz, Eduardo Zeiger (2010), *Fisiologia Vegetal* 781 páginas.

M. Wink (1988) Plant breeding: Importância dos metabolitos secundários das plantas na proteção contra agentes patogénicos e herbívoros. *Theor. Appl. Genet* 75:225-233.

Nath, R. (2004). Boletim mensal de Vigyan Prasar, DREAM 2047, 7 (1). *Comunicado de imprensa da Fundação Nobel.*

Payne, G., Bringi, V., Prince, C., & Shuler, M. L. (1993). *Plant Cell and Tissue Culture in Liquid Systems (Cultura de Células e Tecidos Vegetais em Sistemas Líquidos*). Estados Unidos: John Wiley & Sons, Inc.

Pezzuto, J. M. (1995).Produtos naturais agentes quimioprotectores do cancro. In; Arnason,

J.

T. Mata R e Romeo, J. T., Editores, (Eds.), *Phytochemistry of Medicinal Plants* (Vol. 29, pp. 19-45). US: Springer. DOI: 10.1007/978-1-4899-1778-2_2

Phillipson, J. D., (1990). As plantas como fonte de produtos valiosos. Em Charlwood B.V & M. J. C (Eds.), *Secondary products from plant tissue culture* (pp. 1-21). REINO UNIDO: Clevedon Press Oxford.

Qazi, G. N. (2001). *Rede de Conhecimentos sobre Plantas Medicinais e Centro Nacional de Formação e Transferência de Tecnologia*. Jammu: Laboratório Regional de Investigação.

Rajeev K. Varshney, Andreas Graner, Mark E Sorrells (2005) Genomics -assisted breeding for crop improvement *Trends in Plant Science* 10 (12) Dec.

Ravi Shankar, G. A., & Rao, S. R. (2000). Produção biotecnológica de produtos fitofarmacêuticos. *J. Biochem., Mol. Biol. And Biophysics*, 4(2), 73-102.

Roja, G. (1994). *Biotecnologia de plantas medicinais indígenas* (tese de doutoramento).

Bombaim: Universidade de Bombaim.

Scragg, A. H. (1991). Bioreactores de células vegetais. Em A. Stafford & G. S. Warren (Eds.), *Plant Cell and Tissue Culture* (221-239). Milton Keynes: Open University Press.

Shawl, A. S., & Qazi, G. N. (2004). Produção e Comércio de Plantas Medicinais na Índia - Uma Revisão. *SKUAST J. Res.* 6, 1-12.

Stockists, J., & Zink, M. H. (1977). Strictosidina (isovincosídeo): O intermediário chave na biossíntese de alcalóides monoterpenoidindole. *J Chem. Soc.*

Chem. Commun., (18), 912-914. DOI: 10.1039/C39770000646

Varshney, S. C. (2001). Status and Prospects of Natural Essential Oils in India (Situação e Perspectivas dos Óleos Essenciais Naturais na Índia). *The Fafai Journal*, 3(2), 38-40.

Walton, N. J., & Brown, D. E. (1999). Chemicals from Plants: Perspetiva sobre os produtos secundários das plantas. Londres: Imperial College Press e World Scientific Pub. Co.

Capítulo 3

Metodologia para o estudo da cultura de tecidos e caraterização química de *Artemisia dracunculus* L

3.1 Lavagem e esterilização de objectos de vidro e outros instrumentos

Durante o estudo, foi utilizado material de vidro de boa qualidade. O material de vidro foi mergulhado em solução detergente durante 12 horas, enxaguado em água da torneira para remover o detergente e, finalmente, enxaguado em água bidestilada para remover os últimos vestígios do detergente. O material de vidro previamente utilizado e contaminado foi primeiro autoclavado e depois mergulhado durante a noite em ácido crómico, de modo a remover as manchas. Os restantes procedimentos são idênticos aos acima referidos. O material de vidro lavado foi então finalmente esterilizado, colocando-o numa estufa (160-180° C) durante 3-5 horas. Os instrumentos metálicos, tais como pinças, bisturis, tesouras, pontas de pipetas e tampões de algodão não absorventes, foram primeiramente esterilizados em autoclave a 121° C e 15 lbs. Pressão durante 15-20 minutos e depois esterilizados por exposição a ar quente e seco (160-180° C) durante 3 horas num forno. Os artigos esterilizados foram deixados arrefecer antes de serem retirados da estufa para utilização posterior.

Os instrumentos utilizados durante a inoculação, nomeadamente pinças, bisturis, tesouras, pipetas, etc., foram esterilizados à superfície por imersão em álcool rectificado e inflamados num queimador em fluxo de ar laminar antes de cada inoculação.

3.2 Preparação e esterilização dos meios nutritivos

Durante a presente análise, foi utilizado o meio basal de Murashige e Skoog modificado (MS, 1962) (Quadro 3.1). Todas as hormonas, vitaminas e constituintes indicados no (Quadro 3.1) foram dissolvidos separadamente em água bidestilada para formar uma solução de reserva e foram armazenados num frigorífico. O FeSO4 e o Na2EDTA foram dissolvidos separadamente e depois adicionados ao meio basal de modo a evitar a precipitação dos sais.

3.3 Origem do material vegetal e sua esterilização

Os explantes (pontas de rebentos e segmentos nodais) foram excisados de plantas adultas autênticas *de Artemisia dracunculus* L (espécime com comprovativo apresentado ao KASH, Departamento de Botânica, Universidade de Caxemira) que crescem no banco de genes do Instituto Indiano de Medicina Integrativa (IIIM), Sanat-Nagar, Srinagar. Estes explantes foram primeiramente lavados com água corrente da torneira e, posteriormente, com algumas gotas de Tween-20 durante cerca de meia hora e novamente lavados com água corrente da torneira, seguida de uma lavagem rápida 3-4 vezes com água bidestilada para remover vestígios do detergente.

Quadro 3.1 Composição do meio basal de Murashige e Skoog modificado (MS, 1962)

Inorganic Macronutrients	Concentration mgl^{-1}
$CaCl_2$. $2H_2O$	440
KNO_3	1,900
KH_2PO_4	170
$MgSO_4$. $7H_2O$	370
NH_4NO_3	1,650
Inorganic Micronutrients	
$CoCl_2.6H_2O$	0.025
$CuSO_4$. $5H_2O$	0.025
$FeSO_4.7H_2O$	27.8
H_3BO_3	6.2
KI	0.83
$MnSO_4.4H_2O$	22.3
$Na_2MoO_4.2H_2O$	0.25
Na_2. EDTA	37.3
$ZnSO_4.7H_2O$	8.6
Organic Constituents	
Glycine	2.0
Myo-inositol	100.0
Nicotinic acid	0.5
Pyridoxine HCl	0.5
Thiamine HCl	0.1
Carbon Source	
Sucrose	30.0mgl^{-1}
Supporting Material	
Agar	10. 0mgl^{-1}

Os explantes foram desinfectados com uma solução de HgCl2 a 0,1% durante cerca de 1 minuto e, em seguida, lavados cuidadosamente com água bidestilada autoclavada, 4-5 vezes sob fluxo de ar laminar, a fim de remover o esterilizante químico. O material vegetal esterilizado foi então colocado em placas de Petri pré-autoclavadas, cortado em explantes adequados e cada explante foi então fixado assepticamente no meio de cultura.

3.4 Condições de transferência asséptica

Todas as inoculações foram efectuadas na cabina de fluxo de ar laminar. A cabina foi esterilizada por radiações UV durante cerca de 30 minutos antes de o trabalho ser mantido pelo ar ultra-limpo soprado através de filtros HEPA (ar particulado de alta eficiência). O facto de este ar estar isento de contaminantes fúngicos e bacterianos torna a transferência do material vegetal para os frascos de cultura muito segura. As mãos foram lavadas com etanol e a boca e o nariz foram cobertos com uma máscara. Os instrumentos de incubação, nomeadamente pinças, espátulas, tesouras, etc., foram mergulhados em etanol a 70% e depois esterilizados por chama, deixados arrefecer e utilizados para a inoculação do material vegetal.

3.5 Inoculação e incubação

A inoculação dos explantes nos tubos de cultura foi efectuada em condições ambientais assépticas no interior da bancada de fluxo de ar laminar. Todos os explantes foram colocados no centro do slant e os tubos foram tapados rapidamente após a inoculação. Estes tubos de cultura foram então incubados em condições controladas na sala de cultura. Utilizou-se um aparelho de ar condicionado (marca LG) para manter a temperatura a cerca de $25+2^{\circ}$ C; foram fornecidas 16 horas de iluminação por lâmpadas fluorescentes de 500 lux. A humidade foi mantida entre 50-60%. As observações foram efectuadas a partir do sétimo dia de inoculação. Os parâmetros registados foram a formação do calo, a natureza do calo, a diferenciação dos órgãos a partir do calo, o desenvolvimento direto de rebentos e raízes a partir dos explantes, etc.

3.6 Subcultura

Todas as culturas foram mantidas por subcultura num meio fresco a intervalos regulares de 3-4 semanas.

3.7 Processo de endurecimento/Aclimatização

As plântulas regeneradas, com rebentos e raízes bem diferenciados, foram primeiro bem lavadas com água, a fim de remover o meio aderente, e depois transferidas para vasos contendo uma mistura de areia: argila: vermi na proporção de 1: 1: 1. Os vasos foram cobertos com sacos de polietileno para garantir uma humidade elevada e regados de 3 em 3 dias com uma solução salina MS de meia força sem sacarose. Após 15 dias, foram transferidas para uma estufa (Vista Biocell Limited) onde todas as plantas cresceram normalmente. Depois disso, as plantas foram transferidas para condições de campo para aclimatação.

3.8 Análise química

A fim de determinar o seu potencial biossintético, a caraterização química do material vegetal cultivado *in vitro* e *in vivo,* ou seja, amostras de folhas (5 de cada) com um peso de 40 mg, foi analisada no analisador de espaço livre do cromatógrafo de gás Perkin Elme-Auto System SL da série 600, equipado com um detetor de ionização de chama (FID), utilizando uma coluna capilar de sílica fundida (30 mm × 0,32 mm, espessura da película) revestida com dimetilpolissiloxano BP-1, com temperatura do forno programada de 60 C-220 C a 5,5 C/minuto.32 mm, espessura da película) revestida com dimetilpolissiloxano BP-1, com temperatura do forno programada de 60 C-220°° C a 5,5° C/minuto, temperatura do injetor 250° C e temperatura do detetor 250° C, gás de transporte azoto a 8 psi, razão de divisão 1:80. Os compostos foram identificados comparando os índices de retenção dos picos na coluna BP-1 (relativos aos alcanos C8 - C20) com os dos compostos referidos na literatura (Jennings & Shibamoto, 1980: Adams, 1990). A correspondência informática foi efectuada com os espectros da biblioteca construída utilizando substâncias puras e, sempre que possível, por enriquecimento dos picos por co-injeção com padrões.

3.9 Análise de dados

Todas as experiências foram repetidas três vezes. O efeito dos diferentes tratamentos foi quantificado e os dados foram analisados através da técnica de análise de variância (ANOVA) para comparar vários tratamentos e LSD de Fisher para efetuar comparações múltiplas a um nível de significância de 0,05.

Referências

Murashige, T e Skoog, F., (1962). Um meio revisto para crescimento rápido e bioensaios com culturas de tecidos de tabaco, physiol. Plant. 15: 473-497.

Jennings, W., Shibamoto, T., (1980). Qualitative Analysis of Flavour and Fragrance Volatiles by Glass Capillary Column Gas Chromatography Academic Press, New York.

Capítulo 4

Propagação clonal *in vitro* de *Artemisia dracunculus* L. através de cultura de pontas de rebentos

4.1 Introdução

Durante o presente estudo, a planta medicinal *Artemisia dracunculus* L. foi submetida a estudos *in vitro* de modo a desenvolver um protocolo eficiente para a propagação clonal. As plantas cultivadas *in vitro* foram depois submetidas a um perfil químico com o objetivo de confirmar se esta planta retém a capacidade de sintetizar os constituintes bioactivos. Os resultados assim obtidos foram comparados com os constituintes bioactivos das mesmas plantas que crescem em habitats naturais

4.2 Efeito das citocininas

Produção de várias sessões fotográficas

Para a produção *in vitro* das plantas clonais, foram excisadas pontas de rebentos tenras (2 cm.) de comprimento como explantes da planta madura. Estes explantes, quando inoculados em meio basal MS, não apresentaram qualquer resposta. A fim de induzir o desenvolvimento de rebentos múltiplos nestes explantes, o meio MS basal foi fortificado com várias concentrações de citocininas viz; BAP e Kn, das quais as mais eficazes são apresentadas no (Quadro 4.1). No meio MS basal aumentado com Kn (0.5mgl^{-1}) os explantes de ponta de rebento produziram múltiplos rebentos em 30% das culturas após oito dias de inoculação. Esses brotos se alongaram em brotos na mesma composição de meio até 15 dias de inoculação (Fig. 4.1). Mais tarde, estes rebentos (3±0,44) foram cultivados no mesmo meio até quatro semanas. Os explantes da ponta do rebento inoculados em meio MS basal suplementado com Kn (1,0 mgl^{-1}) exibiram a iniciação de múltiplos rebentos em 40% das culturas a partir do sétimo dia de inoculação. Estes botões desenvolveram-se em rebentos múltiplos (5±0,70) após duas semanas de inoculação (Fig. 4.2). Mais tarde, estes rebentos foram cultivados no mesmo meio durante um período de quatro semanas. Esses explantes, quando inoculados em meio basal MS acrescido de Kn (2,0 mgl^{-1}), produziram brotos múltiplos em 50% das culturas a partir do sétimo dia de inoculação. Estes botões desenvolveram-se em rebentos múltiplos (12±0,70) na mesma composição de meio até quatro semanas (Fig. 4.3). O meio MS basal suplementado com BAP (0,5 mgl^{-1}) induziu a iniciação de um único rebento em 40% das culturas após seis dias de inoculação. Este único rebento alongou-se na mesma composição de meios até quatro semanas (Fig. 4.4). Pontas de broto inoculadas em meio MS basal suplementado com BAP (1,0 mgl^{-1}) exibiram iniciação

Quadro 4.1 Efeito das citocininas em explantes de ponta de rebento de *Artemisia dracunculusL.* após quatro semanas de incubação.

S. No	Treatments	% Regeneration	Mean no. of shoots/explants ±S.E
1	MS + Kn (0.5 mgl^{-1})	30%	3±0.44
2	MS + Kn (1.0 mgl^{-1})	40%	5±0.70
3	MS + Kn (2.0 mgl^{-1})	50%	12±0.70
4	MS + BAP (0.5 mgl^{-1})	40%	1±0.00
5	MS + BAP (1.0 mgl^{-1})	50%	15±1.84
6	MS + BAP (2.0 mgl^{-1})	70%	15±1.26

LSD (P=0.05%) 2.96800, SED1.43805

A técnica de análise de variância foi utilizada para comparar os vários tratamentos e o LSD de Fisher foi utilizado para efetuar comparações múltiplas.

Os valores representam a média ± erro padrão de 10 réplicas por tratamento em três experiências repetidas.

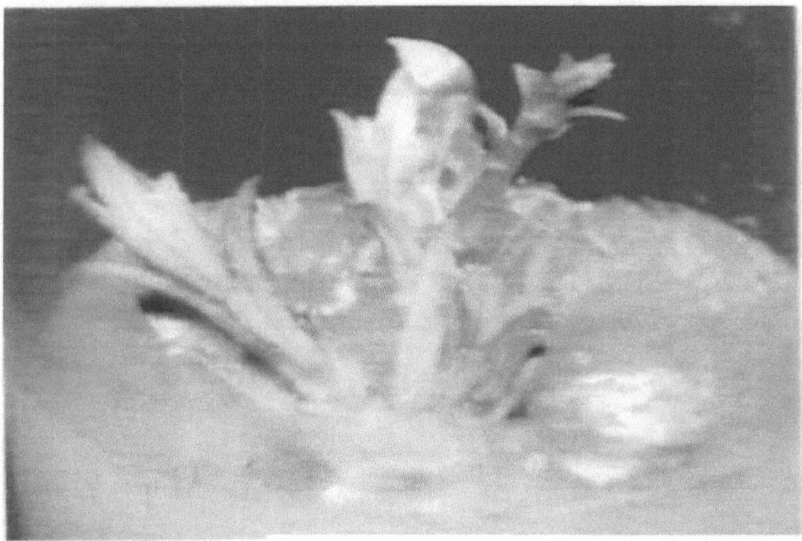

Fig. 4.1 Cultura com 15 dias de idade mostrando a formação de múltiplos rebentos a partir de explantes de ponta de rebento de *Artemisia dracunculus* em MS + Kn (0,5 mgl^{-1}).

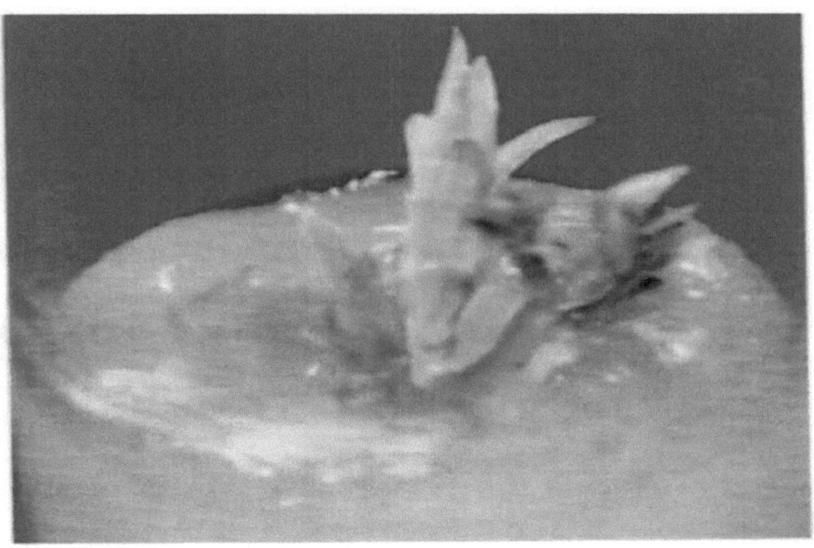

Fig. 4.2 Rebentos múltiplos de explantes de *Artemisia dracunculus* cultivados em MS + Kn (1,0 mgl^{-1}).

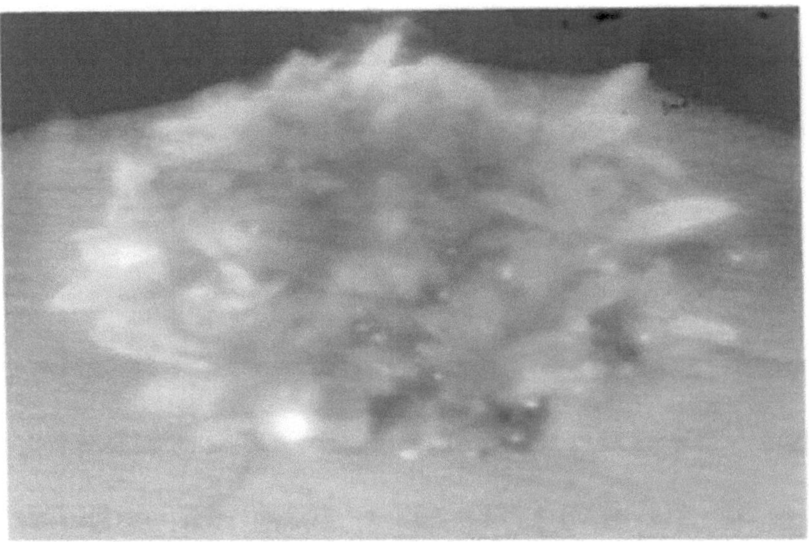

Fig. 4.3 Produção de rebentos múltiplos a partir de explantes de *Artemisia dracunculus cultivados* em MS + Kn (2,0 mgl^{-1}) após quatro semanas de incubação.

Fig. 4.4 Alongamento de rebentos a partir de explantes de *Artemisia dracunculus* cultivados em MS + BAP (0,5 mgl^{-1}) após quatro semanas.

de gemas de rebentos em culturas a 50% após nove dias de inoculação. Os botões desenvolveram-se em rebentos múltiplos (1,5±1,84) após duas semanas de inoculação (Fig. 4.5). Mais tarde, estes rebentos foram cultivados no mesmo meio durante um período de quatro semanas. O meio MS basal fortificado com BAP (2,0 mgl^{-1}) induziu a diferenciação de rebentos a partir das pontas dos rebentos em 70% das culturas até sete dias de inoculação. Estes botões desenvolveram-se em rebentos (15±26) na mesma composição do meio até quinze dias (Fig. 4.6). Mais tarde, estes rebentos foram cultivados no mesmo meio durante um período de quatro semanas.

Multiplicação de rebentos

Os rebentos regenerados durante a primeira passagem da propagação clonal foram subcultivados no melhor dos meios de indução, isto é, MS + BAP (1 e 2 mgl^{-1}). Este processo foi repetido de quatro em quatro semanas. Quando um grande número de rebentos foi produzido, foram transferidos para o meio de enraizamento.

4.3 Efeito das combinações de auxinas e citocininas

Com o objetivo de estabelecer um protocolo de uma única etapa para a produção de

plantas clonais,

Fig. 4.5 Desenvolvimento de rebentos múltiplos a partir de explantes de ponta de rebento de *Artemisia dracunculus* cultivados em MS + BAP (1,0 mgl^{-1}) após duas semanas.

Fig. 4.6 Rebentos múltiplos de explantes de ponta de rebento de *Artemisia dracunculus* cultivados em MS + BAP (2,0 mgl^{-1}) após quinze dias de inoculação.

as auxinas e citocininas foram utilizadas em conjunto em diferentes combinações e concentrações. Dos vários meios utilizados, os explantes responderam muito bem nas combinações abaixo mencionadas (Quadro 4.2). Pontas de rebentos inoculadas em meio MS basal fortificado com Kn (1 mgl^{-1}) + NAA (0,5 mgl^{-1}) exibiram rebentos bem como iniciação de raízes até duas semanas de incubação em culturas a 40%. Quando subcultivados no meio com a mesma concentração após um período de quatro semanas, os rebentos (3±0,70) e as raízes (6±0,70) alongaram-se, mas depois os rebentos tornaram-se castanhos e, por fim, apodreceram (Fig. 4.7). O meio MS basal fortificado com Kn (2 mgl^{-1}) induziu a iniciação de rebentos e raízes a partir do décimo segundo dia de inoculação em culturas a 50%. Quando subcultivadas na mesma composição de meio após um período de quatro semanas, o número de rebentos aumentou (5±0,70) acompanhado pela formação de uma única raiz (Fig. 4.8). O meio MS basal fortificado com Kn (5 mgl^{-1}) + IAA (0,5 mgl^{-1}) induziu a iniciação de rebentos em 50% das culturas até doze dias de inoculação. Os rebentos germinados (8±1,41) e as raízes (4±0,70) aumentaram de tamanho no mesmo meio até quatro semanas de incubação (Fig. 4.9). Os explantes cultivados em meio MS basal fortificado com Kn (5 mgl^{-1}) + 1AA (1 mgl^{-1}) apresentaram potencial morfogenético em 70% das culturas. Os rebentos começaram a diferenciar-se após dez dias de inoculação. Nas quatro semanas seguintes, foram produzidos (12±0,94) micro rebentos e (6±0,70) micro rebentos na mesma composição de meio (Fig. 4.10). Pontas de rebentos inoculadas em meio MS basal fortificado com BAP (1 mgl^{-1}) + NAA (0,5 mgl^{-1}) exibiram a formação de calo friável esverdeado a partir de toda a superfície dos explantes até duas semanas de incubação em culturas a 40%. Quando este calo foi subcultivado no meio da mesma composição, exibiu apenas diferenciação múltipla de rebentos (8±1,00) após um período de cultura de quatro semanas (Fig. 4.11). O meio MS basal fortificado com BAP (2 mgl^{-1})+ NAA (1mgl^{-1}) induziu a iniciação de rebentos e raízes até doze dias de incubação em culturas a 70%. A subcultura subsequente na mesma concentração de meio resultou na produção de múltiplos rebentos (16±1,70), bem como de múltiplas raízes (20±1,38) após um período de cultura de quatro semanas (Fig. 4.12). As pontas de rebentos cultivadas em meio MS basal fortificado com BAP (5 mgl^{-1}) + IAA (0,5 mgl^{-1}) exibiram o melhor potencial morfogenético, uma vez que 70% das culturas responderam até dez a doze dias de incubação. No meio

Quadro 4.2 Efeito da combinação de auxina e citocinina em explantes de pontas de rebentos de *Artemisia dracunculus* L. após quatro semanas de incubação

S. No	Treatments	% Regeneration	Morphogenetic response	
			Mean no. of shoot/ explant ±SE	Mean no. of root/ explant ±SE
1.	MS + Kn (1 mgl^{-1}) + NAA (0.5 mgl^{-1})	40%	3±0.70	6±0.70
2.	MS + Kn (2 mgl^{-1}) + NAA (1 mgl^{-1})	50%	5±0.70	1±0.00
3.	MS + Kn (5 mgl^{-1}) + IAA (0.5 mgl^{-1})	50%	8±1.41	4±0.70
4.	MS + Kn (5 mgl^{-1}) + IAA (1 mgl^{-1})	70%	12±0.94	6±0.70
5.	MS + BAP(1 mgl^{-1}) + NAA (0.5 mgl^{-1})	40%	8±1.00	Greenish friable callus
6.	MS + BAP(2 mgl^{-1}) + NAA (1 mgl^{-1})	70%	16±1.70	20±1.38
7.	MS + BAP(5 mgl^{-1}) + IAA (0.5 mgl^{-1})	70%	50±4.35	24±1.30
8.	MS + BAP (5 mgl^{-1}) + IAA (1 mgl^{-1})	80%	70±3.54	25±1.48

LSD (P=0.05%) 6.37651 2.9570, SED 3.13050 1.44361

A técnica de análise de variância foi utilizada para comparar os vários tratamentos e o LSD de Fisher foi utilizado para efetuar comparações múltiplas. Os valores representam a média ± erro padrão de 10 réplicas por tratamento em três experiências repetidas.

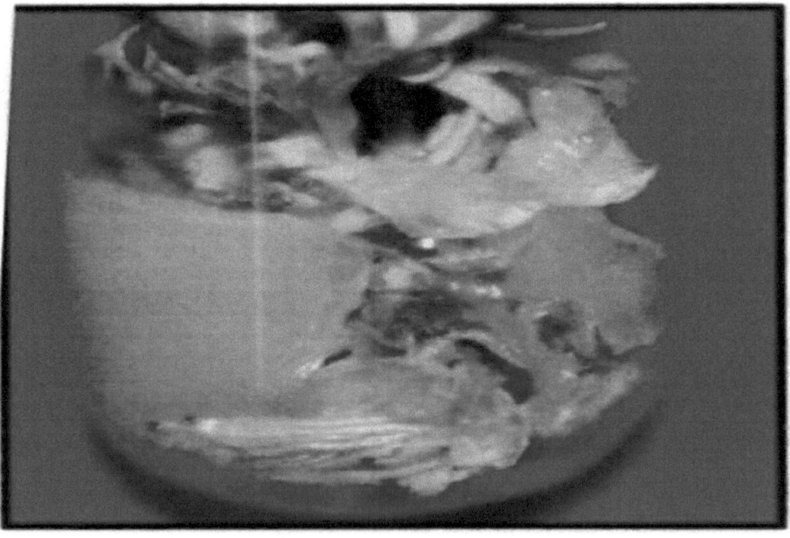

Fig. 4.7 Cultura de quatro semanas de *Artemisia dracunculus* mostrando multiplicação de rebentos e raízes em subcultura a partir de explantes de ponta de rebento, cultivados em MS +Kn (1,0 mgl^{-1}) + NAA (0,5 mgl $)^{-1}$

Fig. 4.8 Cultura de *Artemisia dracunculus* com quatro semanas de idade mostrando múltiplos rebentos acompanhados pela formação de uma única raiz a partir de explantes de ponta de rebento cultivados em MS + Kn (2,0 mgl^{-1}) + NAA (1,0 mgl^{-1}).

Fig. 4.9 Cultura com quatro semanas de idade mostrando a formação de rebentos e raízes a partir de explantes de ponta de rebento de Artemisia dracunculus cultivados em MS + Kn

(0,5 mgl^{-1}) + IAA (0,5 mgl)$^{-1}$

Fig. 4.10 Cultura com quatro semanas de idade mostrando diferenciação de rebento e raiz a partir de explantes de ponta de rebento de *Artemisia dracunculus* cultivados em MS + Kn (0,5 mgl^{-1}) + IAA (1,0 mgl^{-1}).

Fig. 4.11 Cultura de *Artemisia dracunculus* com quatro semanas de idade exibindo formação de calos acompanhada de diferenciação múltipla de rebentos a partir de explantes de ponta de rebento cultivados em MS + BAP (1,0 mgl^{-1}) + NAA (0,5 mgl^{-1}).

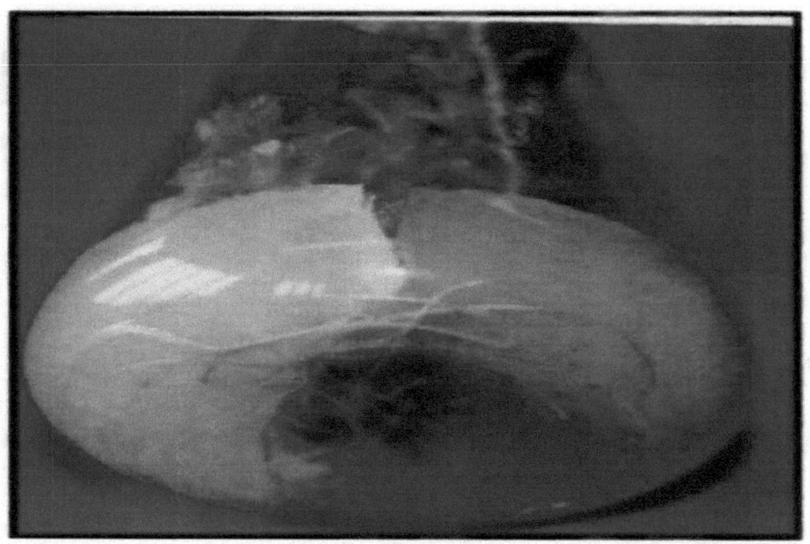

Fig. 4.12 Cultura de *Artemisia dracunculus* com quatro semanas de idade exibindo múltiplos rebentos e raízes quando subcultivada em MS + BAP (2,0 mgl^{-1}) + NAA (1,0 mgl^{-1}).

Nas quatro semanas seguintes, os micro rebentos, bem como as micro raízes, mostraram uma multiplicação melhorada, uma vez que foram produzidos (50±4,35) rebentos juntamente com (24±1,30) raízes após subcultura na mesma composição de meio (Fig. 4.13). Esses explantes, quando inoculados em meio MS basal fortificado com BAP (5 mgl^{-1}) + IAA (1 mgl^{-1}), mostraram bom potencial morfogenético, pois 80% das culturas responderam até dez dias de inoculação. As culturas, quando subcultivadas na mesma composição de meio, produziram múltiplos rebentos (70±3,54), bem como raízes (25±1,48) após um período de cultura de quatro semanas (Fig. 4.14).

4.4 Efeito das auxinas

Para a indução de raízes, os rebentos diferenciados *in vitro*, medindo 3-4 cm de comprimento, foram excisados dos tufos de rebentos e subcultivados em meio MS basal aumentado com diferentes concentrações de auxinas. Das várias auxinas utilizadas, os resultados foram obtidos com NAA e IAA (Quadro 4.3). Em meio MS basal enriquecido com NAA (0,5 mgl^{-1}), as culturas apresentaram iniciação radicular após duas semanas de

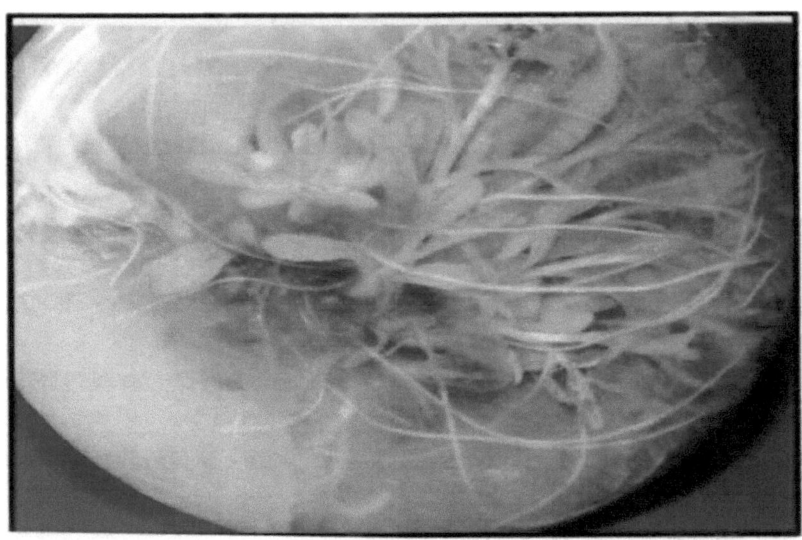

Fig. 4.13 Cultura com quatro semanas de idade mostrando rebentos melhorados, bem como multiplicação de raízes de *Artemisia dracunculus* em MS + BAP (5,0 mgl^{-1}) + IAA (0,5 mgl^{-1}).

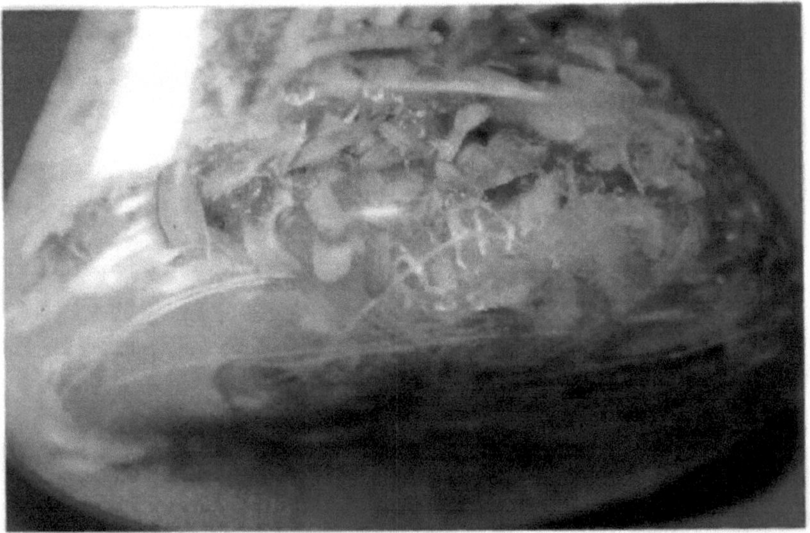

Fig. 4.14 Cultura de *Artemisia dracunculus* com quatro semanas de idade produzindo múltiplos rebentos e raízes quando subcultivada em MS + BAP (5,0 mgl^{-1}) + IAA (1,0 mgl^{-}

[1]).

Tabela 4.3 Efeito da intensidade de MS, concentrações de NAA e IAA na indução de raízes a partir de rebentos cultivados *in vitro* de *Artemisia dracunculus* L. após quatro semanas de cultura.

S.No	Treatments	% Regeneration	Mean no. of root/ shoot ±SE
1.	MS + NAA (0.5 mgl^{-1})	40%	5±0.00
2.	MS + NAA (1 mgl^{-1})	60%	8±0.24
3.	MS + IAA (0.5 mgl^{-1})	60%	25±0.70
4.	MS + IAA (1 mgl^{-1})	80%	32±0.81

LSD (P=0.05%) 3.21498, SED 1.51658

A técnica de análise de variância foi utilizada para comparar os vários tratamentos e o LSD de Fisher foi utilizado para efetuar comparações múltiplas. Os valores representam a média ± erro padrão de 10 réplicas por tratamento em três experiências repetidas.

inoculação a partir da porção de corte basal dos rebentos em 40% das culturas e, no prazo de quatro semanas (5±0,00), desenvolveram-se raízes em cada cultura. Os micro rebentos transferidos para o meio MS basal suplementado com NAA (1,0 mgl^{-1}) mostraram iniciação de raízes em 60% das culturas até doze dias de inoculação. As raízes germinadas (8±0,24) aumentaram de tamanho no mesmo meio até quatro semanas de incubação (Fig. 4.15). IAA (0,5 e 1 mgl^{-1}) induziu uma elevada frequência de enraizamento em culturas de 60% e 80% após duas semanas de inoculação, produzindo (25±0,70) e (32±0,81) raízes por rebento. O número de raízes por rebento foi registado para análise estatística (Tabela 4.3).

4.5 Aclimatação:

As plântulas regeneradas, com rebentos e raízes bem desenvolvidos (Fig. 4.16), foram transferidas para vasos de plástico contendo areia e argila na proporção de 1: 1 e mantidas em condições controladas de temperatura (25±2° c) e luz com fotoperíodo de 16 horas durante duas semanas. Estes vasos foram cobertos com sacos de polietileno transparentes para manter a humidade e regados de três em três dias com uma solução salina MS de meia força durante duas semanas. Uma vez terminada a aclimatação, as plantas foram transferidas para uma estufa (Vista Biocell Limited) durante um mês e depois, finalmente, para as condições de campo.

Fig. 4.15 Cultura de *Artemisia dracunculus* com quatro semanas de idade exibindo formação de raízes múltiplas em MS + NAA (1,0 mgl^{-1}).

Fig. 4.16 Plântulas regeneradas de *Artemisia dracunculus* com rebentos e raízes bem desenvolvidos

Capítulo 5

Análise fitoquímica de *Artemisia dracunculus L.*

5.1 Produção *in vitro* e *in vivo* de constituintes terpenóides de *Artemisia dracunculus* L.

Amostras de folhas de plantas cultivadas *in vivo* e *in vitro* (5 de cada), pesando 40 mg, foram submetidas a perfis químicos através de cromatografia gasosa de espaço livre (HSGC) (cromatógrafo gasoso Perkin Elmer- Auto system XL série 600) (Tabela 5.1). Entre os vários compostos obtidos sob a forma de picos nos cromatogramas, destacam-se compostos como α - felendreno (1,43%, 1,22%); E - beta ocimeno (3,00%, 3,06%); alocimeno (8,53%, 8.26%); terpeno-4-ol (0,15%, 0,15%); trans-anetol (28,49%, 27,52%) e elimicina (11,43%, 11,79%) das amostras *in vitro* foram comparáveis aos produzidos nas amostras *in vivo*.

5.2 Discussão e conclusões sobre *a Artemisia dracunculus L.*

O presente trabalho foi um esforço para conseguir a propagação clonal rápida e a caraterização química de plantas medicinais e aromáticas importantes, nomeadamente Artemisia dracunculus L. O resultado obtido foi discutido à luz da literatura existente sobre a planta em questão: *Artemisia dracunculus* L. O resultado obtido foi discutido à luz da literatura existente disponível sobre a planta em questão.

Os métodos de cultura de tecidos oferecem um meio alternativo de propagação vegetativa de plantas. A propagação clonal através da cultura de tecidos pode ser conseguida num curto espaço de tempo e espaço. A utilização da cultura de tecidos para a micropropagação foi iniciada por (G. Morel, 1960) que a considerou como a única abordagem comercialmente viável para a propagação de orquídeas.

Desde então, várias espécies de culturas têm sido micropropagadas e existem agora receitas que podem ser adoptadas por cultivadores com formação em manipulação asséptica e cultivo de plantas (Bhojwani e Razdan, 1983). A micropropagação também proporciona uma forma fácil e económica de intercâmbio internacional de material isento de doenças (Murashige, 1977 e Withers, 1980).

Uma discussão global sobre a aplicação de estudos *in vitro* em *Artemisia dracunculus* L. é bastante clara. Atualmente, é visível em todo o mundo um interesse crescente por medicamentos e aromas naturais - uma espécie de "onda verde" para os fitoprodutos (Sharma *et al.,* 1996). Além disso, esta técnica oferece meios não só para a multiplicação rápida e em massa das reservas existentes de germoplasma vegetal, mas também para a

Quadro 5.1 Produção *in vivo* e *in vitro* de constituintes terpenóides de *Artemisia dracunculus* L.

S. No	Components	*Artemisia dracunculus* *in vitro* (%)	*Artemisia dracunculus* *in vivo* (%)
1	α-Pinene	-	0.06
2	β-Pinene	0.77	0.96
3	Camphene	0.07	-
4	Sabinene	1.21	1.10
5	Limonene	5.97	6.70
6	α-Phellendrene	1.43	1.22
7	(Z)-beta-ocimene	14.18	12.91
8	(E)-beta-ocimene	3.00	3.06
9	Alloocimene	8.53	8.26
10	Linalool	-	0.04
11	Terpinen-4-ol	0.15	0.15
12	*Trans* anethole	28.49	27.52
13	Elemicin	11.43	11.79
14	Germacrene-D	4.61	0.04

Não identificado (-)

conservação da sua biodiversidade (Bajaj, 1986).

Os reguladores de crescimento necessários para a cultura de pontas de rebentos variam consoante a fase da cultura. Durante a fase de proliferação, utiliza-se um rácio elevado de citocinina para auxina para reduzir a dominância apical do rebento principal e para encorajar o crescimento de botões axilares. As citocininas frequentemente utilizadas são BAP ou Kn. No presente estudo, o BAP foi a citocinina mais eficaz para a proliferação de rebentos, um resultado que está em consonância com as conclusões de (Zilis *et al.*, 1979) em plantas herbáceas perenes e (Magrita Clemente *et al.*, 1991) em *Artemisia granatensis*.

Durante o presente estudo, pontas de rebentos de *Artemisia dracunculus* L. produziram múltiplos rebentos em MS + BAP + IAA/ ou NAA, o que está de acordo com as observações feitas anteriormente em *Artemisia absinthium, Artemisia dracunculus* e *Artemisia pallens* por (Shin *et al.*, 1971; Garland e Stoltz, 1980; Mackay e Kitto, 1988 e Benjamin *et al.*, 1990).

Anteriormente, *Artemisia dracunculus* foi propagada *in vivo* utilizando folhas como explantes (Garland e Stoltz, 1980); contudo, os explantes mais comuns utilizados na micropropagação comercial são a ponta de rebento. Uma ponta de rebento tem várias vantagens: contém numerosos gomos axilares, começa a crescer rapidamente e tem maior capacidade de sobrevivência durante a transferência para condições *in vitro* do que os explantes mais pequenos (George e Sherrington, 1984).

A micropropagação de *Artemisia dracunculus* L. foi considerada vantajosa para a produção de um grande número de plantas clonais. O BAP em combinação com IAA/NAA provou ser superior ao Kn. O BAP foi considerado muito benéfico até à concentração máxima de 5 mgl^{-1} na presente investigação em *Artemisia dracunculus*, estes resultados estão em consonância com (Sharief Ummer e Jagadishchandra, 1998) no mesmo género. (Shin *et al.*, 1971; Sharief Ummer e Jagdishchandra, 1991 e Fulzele *et al.*, 1991) obtiveram regeneração de rebentos com MS + BA + NAA em pontas de rebentos e folhas de *Artemisia absinthium*, tecidos de sementes de *Artemisia pallens* e rebentos aéreos de *Artemisia annua* L, respetivamente. Estes resultados estão de acordo com os presentes resultados em pontas de rebentos de *Artemisia dracunculus* L. com uma combinação semelhante.

Na presente investigação, o meio MS fortificado com BAP + NAA resultou na formação de múltiplos rebentos e na formação de calo/rizogénese friável esverdeada em explantes de ponta de rebento de *Artemisia dracunculus*. Foram obtidos resultados semelhantes com a mesma combinação em pontas de rebentos e folhas de *Artemisia absinthium* (Shin *et al.*, 1971); pontas de rebentos apicais ou axilares de *Artemisia dracunculus* (Mackay e Kitto, 1988); rebentos aéreos de *Artemisia annua* (Fulzele *et al.*, 1991); tecidos de sementes e folhas de *Artemisia pallens* (Sharief e Jagishchandra 1991 e

1998), enquanto que MS fortificado com 2,4 D foi o melhor meio de cultura para indução de calos usando folhas de *Artemisia dracunculus* como explantes (Amany *et al* (2011). A porcentagem de sobrevivência da cultura de ponta de broto e seu desenvolvimento subsequente em brotos variou de 40 70% em BAP (0.5-2.0mgl^{-1}) e 30-50% em Kn (0.5-2.0 mgl^{-1}) no caso de *Artemisia dracunculus* (Tabela 4.1). A frequência de brotação de botões foi comparativamente menor no meio suplementado com Kn. O aumento da concentração de BAP de (0,5-2,0 mgl^{-1}) resultou num aumento da taxa de capacidade de regeneração de rebentos. Estes resultados estão de acordo com os relatórios anteriores sobre pontas de rebentos de *Artemisia gratensis* (Margarita Clemente *et al.*, 1991) e sobre folhas de *Artemisia dracunculus* (Amany *et al.*, (2011). O meio MS suplementado com BAP + IAA induziu a formação de rebentos e raízes no caso da *Artemisia dracunculus.* Foram obtidos resultados semelhantes com a mesma combinação utilizando o meio LS no caso de *Artemisia dracunculus* (Garland e Stoltz, 1980) e tecidos de sementes de *Artemisia pallens* (Benjamin *et al.,* 1990). O enraizamento dos rebentos proliferados obtido em sais MS suplementados com NAA (0.5-1.0 mgl^{-1}) e IAA (0.5- 1.0mgl^{-1}) em *Artemisia dracunculus* (Tabela 4.3) está de acordo com o trabalho realizado em *Artemisia annua*, onde se obteve calo compacto e enraizamento profuso em meio MS suplementado com NAA (10µM) (Kamili *et al.,* 2001 e Kaloo *et al.*, 2004) no mesmo género. No entanto, Mackay e Kitto, 1988 e Liu *et al.,* 2004 referiram que o IBA era um agente de enraizamento mais eficaz em *Artemisia dracunculus e Artemisia judaica.*

Entre os vários compostos obtidos sob a forma de picos nos cromatogramas (Fig. 5.1 e 5.2), os componentes principais identificados a partir de amostras de folhas *in vitro* e *in vivo*, respetivamente, são tabulados (Tabela 5.1). Os compostos como α-

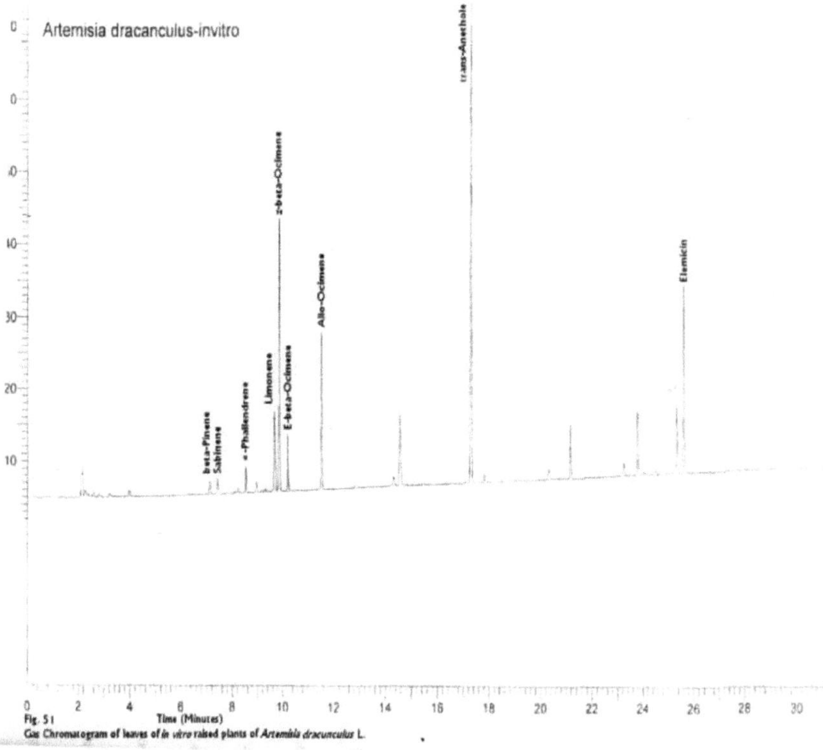

Fig. 51
Gas Chromatogram of leaves of *in vitro* raised plants of *Artemisia dracunculus* L.

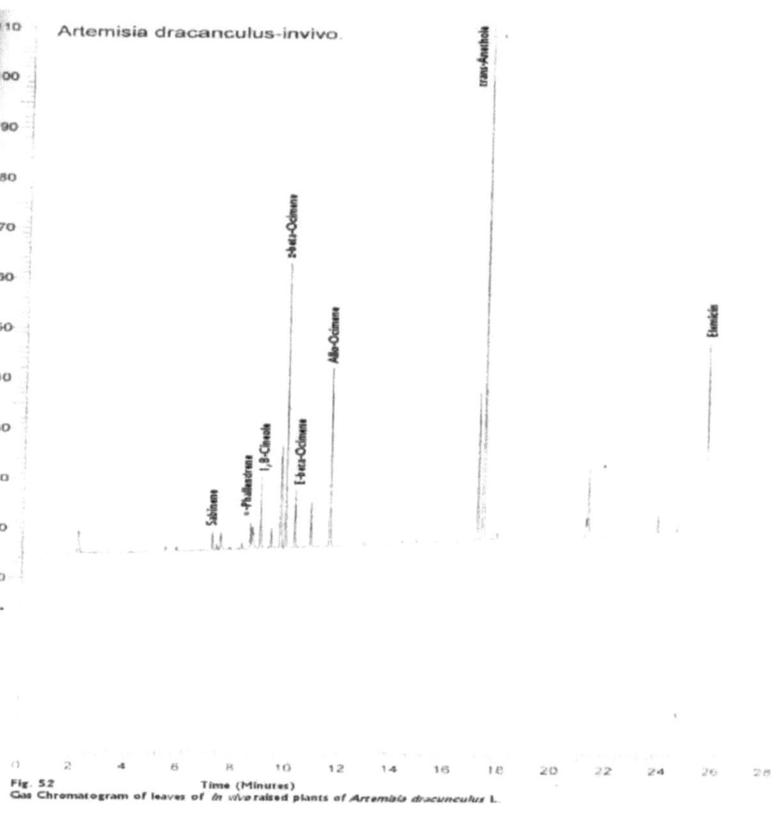

Fig. 52
Gas Chromatogram of leaves of *in vivo* raised plants of *Artemisia dracunculus* L.

O fenilendreno (1,43%, 1,22%); E-beta ocimeme (3,00%, 3,06%); Allo-ocimene (8,53%, 8,26%); terpinen-4-ol (0,15%, 0,15%); Trans-anethole (28,49%, 27,52%) e elimicina (11,43%, 11,79%) das amostras *in vitro* foram comparáveis aos produzidos nas amostras in *vivo.*

Tanto as amostras de folhas *in vitro* como *in vivo* utilizadas no presente estudo apresentaram um teor comparável de E-beta ocimeno. Em geral, estes resultados estão de acordo com as conclusões de (Kotdali *et al.*, 2005 e Venskutonis *et al.*, 1996) em *Artemisia dracunculus* e em *Artemisia dracunculus* de tipo dinamarquês.

A partir dos resultados acima é evidente que a percentagem de limoneno e Z beta ocimeno em ambas as amostras (i.e. *in vitro* e *in vivo*) é inferior à investigação anterior de (Sayyah *et al.*, 2004) em *Artemisia dracunculus*, enquanto que (Kordali *et al.,* 2005 e

Venskutonis *et al.,* 1996) obtiveram valores ainda menores para os compostos acima mencionados no mesmo género em comparação com os presentes resultados.

Na presente investigação, a percentagem de Allo-ocimeno foi mais elevada em ambas as amostras (*in vitro* e *in vivo)* em comparação com os resultados obtidos por (Sayyah *et al.*, 2004) na mesma espécie. Do mesmo modo, o valor do trans-anetol é superior ao da investigação anterior de (Sayyahet *al*., 2004) no mesmo género. No entanto, (Kordali *et al.* 2005) obtiveram o mesmo composto em percentagem mais elevada no mesmo género, enquanto que o trans-anetol não foi referido por (Venskutonis *et al.,* 1996) em *Artemisia dracunculus.* A variação na composição percentual dos constituintes principais pode ser devida à variação do seu quimiotipo agroclimático, condições geográficas ou de fotoperíodo.

Comparando a composição química de ambas as amostras (i.e., amostras *in vitro e in vivo*), os valores de β-pineno (0,77%, 0,96%); terpeno-4-ol (0,15%, 0,15%) e Elemicina (11,43%, 11,79%) estão em consonância com os resultados de (Venskutonis *et al.,* 1996) no mesmo género.

A partir destes resultados, estão disponíveis cinco quimiotipos de *Artemisia dracunculus* L. 1. Karadj (25 km a oeste de Teerão)

2. Estragão turco.

3. Estragão dinamarquês (ST, sementes obtidas na Dinamarca em 1991).

4. Estragão da Sibéria (ST, sementes obtidas de Lavita em 1987).

5. Estragão da Geórgia (GT, sementes obtidas de Lavita em 1987).

No entanto, o presente estudo torna evidente que a cultivar que cresce nas condições da Caxemira é um novo quimiotipo cujo perfil químico não corresponde totalmente aos tipos acima referidos.

Referências

Amany K, Ibrahim, Safwat A Ahmed, Salah E. Khattab Fodia M.EL. Sherif (2011). Indução eficiente de calos, regeneração de plantas e estimativa de estragol em estragão (*Artemisia dracunculus* L.) *Journal of Essential Oil Research* 23 (4) 16-20.

Bajaj, Y.P. S., (1986). Biotecnologia do melhoramento de árvores para propagação rápida e produção de energia de biomassa. In: Bajaj, Y.P. S., Springer Verlag, Berlim, 1-23.

Benjamin, B. D., Sipahmalani, A. T. e Hebla, M. R., (1990). Culturas de tecidos de *Artemisia pallens:* Organogénese, produção de terpenóides. Plant Cell Tissue Culture, 21:159-164.

Bhojwani, S. S. e Razdan, M. K., (1983). Plant Tissue Culture: Theory and Practice. Elsevier Science. Publishers, Amesterdão, 1-502.

Garland P. e Stoltz, L. P., (1980). Propagação *in vitro* por cultura de tecidos. Handbook a diretory of commercial laboratories. Exegetics Ltd., Reading U. K.

G., Morel. (1960). Produção de *Cymbidium* livre de vírus.*Am. Orchid Soc. Bull.* 29: 495497.

Fulzele, D.P. Sipahimalani, A. T. e Hable, M. R., (1991). Cultura de tecidos de *Artemisia annua,* organogénese e produção de artemisinina. *Phytotherapy Research,* 5: 149-153.

George, E. F., e Sherrington, P. P., (1984). Propagação de plantas por cultura de tecidos. Handbook and diretory of commercial laboratories. Exegetics Ltd., Reading, Reino Unido.

Kaloo, Z. A., Kamili, A. N., Qadri, B. e Shah, A. M., (2004). Biossíntese de terpenóides em culturas de calos de *Artemisia annua* L. *Bioresource: Concerns and Conservation*: Centro de Investigação para o Desenvolvimento. Universidade de Caxemira, Srinagar-190006, Índia 259-262.

Kamili, A. N., Kaloo, Z. A., e Shah , A. M., (2001). Regeneração de plantas a partir de culturas de calos de *Artemisia annua* L. *Journal of Research and Development.* Universidade de Caxemira, Srinagar-190006, Índia 100-106.

Kordali, S. Kotan, Recap.,Mavi Ahmet, Cakir, Ahmet., Ala, Arzu., e Yildirim Ali, (2005). Determinação da composição química e da atividade antioxidante do óleo essencial de *Artemisia dracunculus*, *Artemisia santonicum* e *Artemisia spicegera*. *J Agric. Food Chem.*, 1-2.

Liu, C. Z., Murch, S J., El- Demerdash, M, e Saxena, P. K., (2004).Regeneração da planta medicinal egípcia *Artemisia judaica* L. Micropropagação e atividade antioxidante *Plant Cell Report*, 21: 525-530.

Mackay, W. A e Kitto, S. L., (1988). Factores que afectam a proliferação de rebentos *in vitro* do estragão francês. *Hortscience,* 113 (2) : 282-287 in Flavour Science Recent Developments. Editado por A. J. Taylor e D. S. Mottram, The Royal Society of Chemistry Information Science, 46-51, junho de 1996.

Margarita Clemente, Pilar Contreras, Juana Susin e Fernando Pliego Alfano, (1991). Micropropagação de *Artemisia granatensis, Hort. Science* 26 (4): 420.

Murashige, T.,(1977). Culturas clonais através de cultura de tecidos e sua aplicação biotecnológica. Barz *et al.,* (eds.) Springer Verlag, Berlim, 392-403.

Sayyah Mohammad, Nadjafnia Leila, Kamalinejad Mohammad, (2004). Atividade anticonvulsiva e composição química do óleo essencial de Artemisia dracunculus L. *Journal of Ethnopharmacology* 94, 283-287.

Sharief Ummer, M. D. e Jagadishchandra, K. S.,(1998). *Artemisia pallens* Wall. (Davana); Fitoquímica, cultura *in vitro* e conservação de germoplasma. Role of Biotechnology in Medicinal and Aromatic Plants.Volume-1., 224-238, Editores Irfan A. Khan, Atiya Khanum, Ukaaz Publication.16-11-511/d/ 408, Shali-vahana Nagar, Moosarambagh, Hyderabad-500036, A. P. India.

Sharma, J. R., Sharma Ashok, Singh, A. K. e Sushil Kumar, (1996). Potencial económico e variedades melhoradas de plantas aromáticas da Índia. *J. Medicinal Aromatic Plant Science,* 512-522.

Shin, B. O., Mangold, H. K. e Stab, E. J., (1971). Análise de lípidos em culturas de tecidos de plantas selecionadas. *Em Les Cultures de Tissues de Plantes. Collaq. Int.,* C. N. R. S., Paris, No. 193: 51-69.

Venskutonis, R., Gramshaw J. W., Dapkevicius A. e Baranauskine, (1996). Composition of volatile constituents in Tarragon (*Artemisia dracunculus* L.) at different vegetative periods in *Flavour Science Recent Developments*. Editado por A. J. Taylor e D. S. Mottram, The Royal Society of Chemistry Information Science.

Withers, L.A. (1980). Preservação de germoplasma. Perspective in Plant Cell and Tissue Culture (ed.) Vasil, J. K. *International Review of Cytology Supplement* 110:101-136.

Zilis, M D., Zwagerman, D., Lamberts, e Kurtz L., (1979). Propagação comercial de plantas herbáceas perenes por cultura de tecidos. *Proc. Intl. Prop. Soc.* 29: 404414

Sobre o contribuidor

A Dra. Nahida Tun Nisa trabalha como professora assistente no Departamento de Botânica do Govt. Women's College M.A. Road Srinagar. Obteve os seus diplomas de mestrado, mestrado e doutoramento na Universidade Muçulmana de Aligarh e na Universidade de Caxemira. A sua experiência de investigação inclui a cultura de tecidos. A Dra. Nahida publicou vários artigos de investigação em revistas internacionais de renome citadas na Scopus, Web of Science e participou em muitas conferências e workshops nacionais e internacionais. A Dra. Nahida é membro da associação científica da sociedade botânica e revisora de muitas revistas de renome.

Printed by Books on Demand GmbH, Norderstedt / Germany